U0192088

数学不烦恼

不烦恼

从**二进制**到**计算机**和**人工智能**

【韩】郑玩相◎著 【韩】金愍◎绘 章科佳 王宇◎译

华东理工大学出版社
EAST CHINA UNIVERSITY OF SCIENCE AND TECHNOLOGY PRESS

上海·

图书在版编目（CIP）数据

数学不烦恼. 从二进制到计算机和人工智能 /（韩）
郑玩相著;（韩）金愍绘；章科佳，王宇译. — 上海：
华东理工大学出版社，2024.5

ISBN 978-7-5628-7368-6

Ⅰ.①数… Ⅱ.①郑… ②金… ③章… ④王… Ⅲ.
①数学 － 青少年读物 Ⅳ.①O1-49

中国国家版本馆CIP数据核字（2024）第078578号

著作权合同登记号：图字09-2024-0151

중학교에서도 통하는 초등수학 개념 잡는 수학툰 10: 이진법에서
컴퓨터와 인공 지능의 원리까지
Text Copyright © 2022 by Weon Sang, Jeong
Illustrator Copyright © 2022 by Min, Kim
Simplified Chinese translation copyright © 2024 by East China University of
Science and Technology Press Co., Ltd.
This simplified Chinese translation copyright arranged with
SUNGLIMBOOK through Carrot Korea Agency, Seoul, KOREA
All rights reserved.

策划编辑 / 曾文丽
责任编辑 / 张润梓
责任校对 / 张 波
装帧设计 / 居慧娜
出版发行 / 华东理工大学出版社有限公司
　　　　　地址：上海市梅陇路 130 号，200237
　　　　　电话：021 － 64250306
　　　　　网址：www.ecustpress.cn
　　　　　邮箱：zongbianban@ecustpress.cn
印　　刷 / 上海邦达彩色包装印务有限公司
开　　本 / 890 mm × 1240 mm　1 / 32
印　　张 / 4.5
字　　数 / 80 千字
版　　次 / 2024 年 5 月第 1 版
印　　次 / 2024 年 5 月第 1 次
定　　价 / 35.00 元

理解数学的思维和体系，
发现数学的美好与有趣！

《数学不烦恼》
系列丛书的
内容构成

数学漫画——走进数学的奇幻漫画世界

　　漫画最大限度地展现了作者对数学的独到见解。
学起来很吃力的数学，原来还可以这么有趣！

知识点梳理——打通中小学数学教材之间的"任督二脉"

　　中小学数学的教材内容是相互衔接的，本书对相关的衔接内容进行了单独呈现。

解答自测题，可以确认自己对书中内容的理解程度，书末的附录中还附有详细的答案。

扫一扫二维码，就能立即观看作者的线上授课视频。从有趣的数学漫画到易懂的插图和正文，从概念整理自测题再到在线视频，整个阅读体验充满了乐趣。

本书的"术语解释"部分运用通俗易懂的语言对一些重要的术语进行了整理和解释，以帮助读者更好地理解它们，达到和中小学数学教材内容融会贯通的效果。当需要总结相关概念的时候，或是在阅读本书的过程中想要回顾相关表述时，读者都可以在这一部分找到解答。

大家好！我是郑教授。

嘿！

数学 不烦恼

从二进制到计算机和人工智能

知识点梳理

年级	分年级知识点		涉及的典型问题
小学	一年级	5以内数的认识和加减法	
	一年级	6～10的认识和加减法	
	一年级	11～20各数的认识	
	一年级	100以内数的认识	
	二年级	认识时间	十进制
	二年级	万以内数的认识	六十进制
	三年级	时、分、秒	二进制
	三年级	数字编码	计数系统（p进制）
	三年级	年、月、日	不同进制之间的转换
	四年级	大数的认识	密码
	四年级	四则运算	与、或、非
	四年级	角的度量	等差数列
	五年级	简易方程	
初中	七年级	有理数	
高中	高一	集合与常用逻辑用语	
	高二	数列	

目录

小学 5以内数的认识和加减法，6～10的认识和加减法，11～20各数的认识，100以内数的认识，认识时间，万以内数的认识，时、分、秒，角的度量

初中 有理数

专题 2

0、十进制和十进制的展开式

 大数的认识、四则运算、简易方程

 有理数

专题 3
三进制、二进制和不同进制间的转换

 　大数的认识、四则运算、简易方程
　　　有理数

专题 4

二进制、密码和十二进制

 时、分、秒，数字编码，年、月、日

 有理数

 数列

专题 5

计算机是如何进行运算的？

 大数的认识、四则运算
 有理数
高中 集合与常用逻辑用语

专题 6
人工智能

 大数的认识、四则运算
 有理数

专题 总结

附录

培养数学的眼光去观察生活

世界是由什么组成的呢？很多古代哲学家都对这一问题非常感兴趣，他们也分别提出了各自的主张。泰勒斯认为，世间的一切皆源自水；而亚里士多德则认为世界是由土、气、水、火构成的。可能在我们现代人看来，他们的这些观点非常荒谬。然而，先贤们的这些想法对于推动科学的发展意义重大。尽管观点并不准确，但我们也应当对他们这种努力解释世界本质的探究精神给予高度评价。

我希望孩子们能够抱着古代哲学家的这种心态去看待数学。如果用数学的眼光去观察、研究日常生活中遇到的各种现象，那么会是一种什么样的体验呢？如此一来，孩子们仅在教室里也能够发现许多数学原理。从教室的座位布局中，可以发现"行和列"；在调整座次、换新同桌时，就会想到"概率"；在组建学习小组时，又会联想到"除法"；在根据同班同学不同的特点，对他们进行分类的时候，会更加理解"集合"的概念。像这样，如果孩子们将数学当作观察世间万物的"眼睛"，那么数学就不再仅仅是一个单纯的解题工具，而是一门实用的学问，是帮助人们发现生活中各种有趣事物的方法。

而这本书恰好能够培养、引导孩子用数学的眼光观察这个世界。它将各年级学过的零散的数学知识按主题进行重新整合，把数学的概念和孩子的日常生活紧密相连，让孩子在沉浸于书中内容的同时，轻松快乐地学会数学概念和原理。对于学数学感到吃力的孩子来说，这将成为一次愉快的学习经历；而对于喜欢数学的孩子来说，又会成为一个发现数学价值的机会。希望通过这本书，能有更多的孩子获得将数学生活化的体验，更加地热爱数学。

中国科学院自然史研究所副研究员、数学史博士
郭园园

推荐语2
一本提供全新数学学习方法之书

　　学数学的过程就像玩游戏一样，从看得见的地方寻找看不见的价值，寻找有意义的规律。过去，人们在大自然中寻找；进入现代社会后，人们开始从人造物体和抽象世界中寻找。而如今，数学作为人类活动的产物，同时又是一种创造新产物的工具。比如，我们用计算机语言来控制计算机，解析世界上所有的信息资料。我们把这一过程称为编程，但实际上这只不过是一种新形式的数学游戏。因此从根本上来说，我们教授数学就是赋予人们一种力量，即用社会上约定俗成的形式语言、符号语言、图形语言去解读世间万物的各种有意义的规律。

　　《数学不烦恼》丛书自始至终都是在进行各种类型的游戏。这些游戏没有复杂的形式，却能启发人们利用简单的思维方式去思考复杂的现象，就连对学数学感到吃力的学生也能轻松驾驭。从这一方面来说，这套丛书具有如下优点：

1.将散落在中小学各个年级的数学概念重新归整

低年级学的数学概念难度不大，因此，如果能够在这些概念的基础上加以延伸和拓展，那么学生将在更高阶的数学概念学习中事半功倍。也就是说，利用小学低年级的数学概念去解释高年级的数学概念，可将复杂的概念简单化，更加便于理解。这套丛书在这一方面做得非常好，且十分有趣。

2.通过漫画的形式学习数学，而非习题、数字或算式

在人类的五大感觉中，视觉无疑是最发达的。当今社会，绝大部分人都生活在电视和网络视频的洪流中。理解图像语言所需的时间远少于文字语言，而且我们所生活的时代也在不断发展，这种形式更加便于读者理解。

这套丛书通过漫画和图示，将复杂的抽象概念转化成通俗易懂的绘画语言，让数学更加贴近学生。这一小小的变化赋予学生轻松学习数学的勇气，不再为之感到苦恼。

3. 从日常生活中发现并感受数学

数学离我们有多近呢？这套丛书以日常生活为学习素材，挖掘隐藏在其中的数学概念，并以漫画的形式传授给孩子们，不会让他们觉得数学枯燥难懂，拉近了他们与数学的距离。将数学和现实生活相结合，能够帮助读者从日常生活中发现并感受数学。

4. 对数学概念进行独创性解读，令人耳目一新

每个人都有自己的观点和看法，而这些观点和看法构成了每个人独有的世界观。作者在学生时期很喜欢数学，但是对于数学概念和原理，几乎都是死记硬背，没有真正地理解，因此经常会产生各种问题，这些学习过程中的点点滴滴在这套丛书中都有记录。通过阅读这套丛书，我们会发现数学是如此有趣，并学会从不同的角度去审视在校所学的数学教材。

希望各位读者能够通过这套丛书，发现如下价值：

懂得可以从大自然中找到数学。
懂得可以从人类创造的具体事物中找到数学。
懂得人类创造的抽象事物中存在数学。
懂得在建立不同事物间联系的过程中存在数学。

我郑重地向大家推荐《数学不烦恼》丛书，它打破了"数学非常枯燥难懂"这一偏见。孩子们在阅读这套丛书时，会发现自己完全沉浸于数学的魅力之中。如果你也认为培养数学思维很重要，那么一定要让孩子读一读这套丛书。

　　　　　　　　　韩国数学教师协会原会长
　　　　　　　　　李东昕

解决数学应用题烦恼的必读书目

　　很多学生觉得数学的应用题学起来非常困难。在过去，小学数学的教学目的就是解出正确答案，而现在，小学数学的教学越来越重视培养学生利用原有知识创造新知识的能力。而应用题属于文字叙述型问题，通过接触日常生活中的数学应用并加以解答，有效地提高孩子解决实际问题的能力。对于现在某些早已习惯了视频、漫画的孩子来说，仅是独立地阅读应用题的文字叙述本身可能就已经很困难了。

　　这本书具有很多优点，让读者沉浸其中，仿佛在现场聆听作者的讲课一样。另外，作者对孩子们好奇的问题了然于心，并对此做出了明确的回答。

　　在阅读这本书的过程中，擅长数学的学生会对数学更加感兴趣，而自认为学不好数学的学生，也会在不知不觉间神奇地体会到数学水平大幅度提升。

这本书围绕着主人公柯马的数学问题和想象展开，读者在阅读过程中，就会不自觉地跟随这位不擅长数学应用题的主人公的思路，加深对中小学数学各个重要内容的理解。书中还穿插着在不同时空转换的数学漫画，它使得各个专题更加有趣生动，能够激发读者的好奇心。全书内容通俗易懂，还涵盖了各种与数学主题相关的、神秘而又有趣的故事。

最后，正如作者在自序中所提到的，我也希望阅读此书的学生都能够成为一名小小数学家。

上海市松江区泗泾第五小学数学教师

徐金金

数学
——门美好又有趣的学科

　　数学是一门美好又有趣的学科。倘若第一步没走好，这一美好的学科也有可能成为世界上最令人讨厌的学科。相反，如果从小就通过有趣的数学书感受到数学的魅力，那么你一定会喜欢上数学，对数学充满自信。

　　正是基于此，本书旨在让开始学习数学的小学生，以及可能开始对数学产生厌倦的青少年找到数学的乐趣。为此，本书的语言力求通俗易懂，让小学生也能够理解中学乃至更高层次的数学内容。同时，本书内容主要是围绕数学漫画展开的。这样，读者就可以通过有趣的故事，理解数学中的重要概念。

　　数学家们的逻辑思维能力很强，同时他们又有很多"出其不意"的想法。当"出其不意"遇上逻辑，他们便会进入一个全新的数学世界。书中介绍的那些提出二进制、计算机和人工智能原理等的数学家们便是如此。本书介绍的内容中，除了我们日常生活中使用的十进制，以及计算时间和角度所使用的六十进制，其他大部分均未在中小学数学教材中有所涉及。由于计算机、人工智能等领域越来越受到社会的关注，我们也有必要了解为什么计算机使用的是二进制，而不是我们日常生活中使用的十进制。本书的主要内容包括古代文明所使用的六十进制和二十进制、十进制、0的发现、二进制、计算机的运算方法和基本原理，以及人工智能的基础知识等。人类已经步入人工智能的时代，希望阅读本书的各位读者，作为生活在人工智能时代的小学生，能够对人工智能产生浓厚的兴趣。

本书所涉及的中小学数学教材中的知识点如下：

小学：1～5的认识和加减法，6～10的认识和加减法，11～20各数的认识，100以内数的认识，认识时间，万以内数的认识，时、分、秒，数字编码，年、月、日，大数的认识，四则运算，角的度量，简易方程

初中：有理数

高中：集合与常用逻辑用语、数列

了解并掌握了本书所介绍的各种进制，你就可以自行编制各种各样的密码，在学习计算机程序语言时也会有所帮助，因为计算机的数学基础就是二进制。

期待大家在学习本书最后一个专题有关人工智能的内容时，能够展开无尽的想象。

最后希望通过这本书，大家都能够成为一名小小数学家。

韩国庆尚国立大学教授

郑玩相

柯马

因数学不好而苦恼的孩子

充满好奇心的柯马有一个烦恼，那就是不擅长数学，尤其是应用题，一想到就头疼，并因此非常讨厌上数学课。为数学而发愁的柯马，能解决他的烦恼吗？

闹钟形状的数学魔法师

原本是柯马床边的闹钟。来自数学星球的数学精灵将它变成了一个会飞的、闹钟形状的数学魔法师。

数钟

穿越时空的百变鬼才

数学精灵用柯马的床创造了它。它与柯马、数钟一起畅游时空，负责其中最重要的运输工作。它还擅长图形与几何。

床怪

六十进制和二十进制

本专题的故事始于古巴比伦，我们将从古巴比伦人使用的六十进制说起。有趣的是，距今几千年前的古巴比伦人所使用的六十进制至今仍存在于我们的日常生活中，比如时间、角度单位的换算。在本专题中，我们还会介绍玛雅人使用的二十进制，并详细介绍他们使用的数字和计算方法。尽管这些数字和计算方法看上去很复杂，但只要你了解了其中包含的智慧，便很容易掌握。

古巴比伦的六十进制，我们现在也在使用？

六十进制

 今天我们将一起了解古巴比伦王国的数字。

古巴比伦是哪儿的国家啊？

想要了解古巴比伦，我们得从人类最早的文明说起。这些文明都发源于适合农业耕作的大河流域，如发源于尼罗河流域的古埃及文明、发源于幼发拉底河和底格拉斯河流域的两河流域文明、发源于印度河流域的古代印度文明，以及发源于黄河和长江流域的中国文明。其中，两河流域文明也被叫作美索不达米亚文明，"美索不达米亚"的意思是两河之间的地方，古巴比伦王国是古代两河流域文明发展的一个高峰。

这样啊，古巴比伦王国所在的"美索不达米亚"，从地图上来看，好像就在如今以伊拉克首都巴格达为中心的狭长地带？

没错，就是那里。同古埃及一样，古巴比伦的数字体系在历史上也十分出名。他们的数字体系大约从公元前两三千年起就开始使用了。更让人惊讶的是，他们当时使用的是六十进制。

再给我们详细地讲讲六十进制吧。

满六十进一就是六十进制。如今我们使用的十进制是满十进一，比如 $61 = 60 + 1$，十位是6，个位是1。在古巴比伦，若要表示十进制中的61，十位上的数是1，个位上的数也是1。

在六十进制中，个位上的1就表示1，十位上的1表示60，那百位上的1表示多少呢？

表示60个60时。当有60个60时就是3 600，即 $60 \times 60 = 3\,600$。以3 661为例，$3\,661 = 1 \times 3\,600 + 1 \times 60 + 1 \times 1$，在古巴比伦，若要表示十进制中的3 661，个位、十位、百位都是1。

在计算时间时，60分是1小时，这也是六十进制吧？

对，我们计算时间用的就是六十进制。

$$1\text{小时} = 60\text{分} = 3\,600\text{秒}$$
$$1\text{分} = 60\text{秒}$$

那古巴比伦人使用的数字是什么样子的呢？

他们用削尖的芦秆或木棒在未干的软泥版上刻出符号，也就是楔形文字，来表示数字。

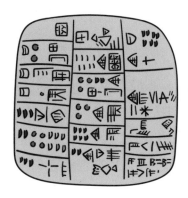

好神奇啊！

古巴比伦人用代表1的符号Ⴁ和代表10的符号く，创造了1到59的数字。

Ⴁ	1	ⴁⴁ	2	ⴁⴁⴁ	3	ⴁⴁⴁⴁ	4
	5		6		7		8
	9	く	10	くⴁ	11	くⴁⴁ	12
くⴁⴁⴁ	13		14		15		16
	17		18		19	《	20
《《	30		40		50	Ⴁ	60

由于使用的是六十进制，因此1和60的符号相同。他们的计数系统中没有"0"这个数字，只能用留空位的方式来表示缺位，后来又出现了表示"没有"的占位符。

那60以上的数字怎么表示呢？

非常简单，如下表所示。

用古巴比伦数字表示60以上的数

古巴比伦数字	六十进制标记	十进制数
	1,15	75
	1,40	100
	16,43	1 003
	44,26,40	160 000
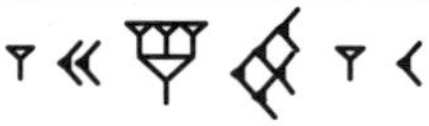	1,24,51,10	305 470

例如表格第一行的：十位上的数字为，也就是1；个位上的数字为，也就是15；所以是$1\times60+15=75$。

又如表格倒数第二行的：百位上的数字为，也就是44；十位上的数字为，也就是26；个位上的数字为，也就是40；所以是$44\times3\,600+26\times60+40=160\,000$。

古巴比伦人为什么要使用六十进制呢？

这个问题目前还没有确切的答案。人们推测，古巴比伦人使用六十进制是因为人类手掌的结构，5是一只手的手指数，除了拇指以外的手指共有12

个指节，12 × 5 = 60，拇指用于触碰指节，这样用一只手就可以计数了。

也有一种观点认为，60是1，2，3，4，5，6，10，12，15，20，30，60等自然数的倍数，在100以内的数中，它拥有最多的因数，做除法时容易被整除，便于运算。如今，人们在计算角度和时间时，仍然使用六十进制。

玛雅人的二十进制
二十进制

古巴比伦人使用六十进制，而古代玛雅人使用二十进制，他们为了表示缺位，创造了一种表示"0"的符号，如下图所示。

这个图形好像贝壳啊。

确实很像。玛雅人用表示1的符号点（●）和表示
5的符号横（━），创造了数字0～19。比如，8 =
5 + 3，用1个表示5的符号，再在上面加3个表示
1的符号就可以表示8，如下图所示。

玛雅人怎么表示20以上的数字呢？

只要知道十位上的数和个位上的数就可以了。比
如20 = 20 + 0，所以十位数为1，个位数为0。玛
雅人把高数位上的数字画在上面，低数位上的数
字画在下面，于是20就用如下图所示的符号表示。

那么用相同的方法，如何表示28呢？

28 = 20 + 8，可得十位上的数为1，个位上的数为
8，所以玛雅人的28应该如下图所示。

完美！正如刚才所介绍的那样，玛雅数字0到29如下图所示。

0 ◓	1 ●	2 ●●	3 ●●●	4 ●●●●
5 ▬	6 ●▬	7 ●●▬	8 ●●●▬	9 ●●●●▬
10 ▬▬	11 ●▬▬	12 ●●▬▬	13 ●●●▬▬	14 ●●●●▬▬
15 ▬▬▬	16 ●▬▬▬	17 ●●▬▬▬	18 ●●●▬▬▬	19 ●●●●▬▬▬
20 ●◓	21 ●●	22 ●●●	23 ●●●●	24 ●●●●●
25 ●▬	26 ●●▬	27 ●●●▬	28 ●●●●▬	29 ●●●●●▬

教教我们玛雅人如何表示更大的数吧。

没问题。以1 377为例，20个20就是20×20 = 400，因此只要找出百位、十位，还有个位的数字即可。由1 377 = 3×400 + 8×20 + 17，可得百数位上的数字为3，十位上的数字为8，个位上的数字为17。

因此1 377用玛雅数字表示是这样的：

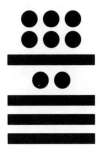

玛雅人的二十进制数字也挺有趣的，像某种密码。

1. 用巴比伦的楔形文字表示 65。

2. 将 ▼ 𒌋 转换为我们使用的十进制数。

3. 用玛雅数字表示 100。

※自测题答案参考 115 页。

时间的加法运算

我们可以利用古巴比伦人的六十进制对时间进行加法运算。表示60进制的数字时，可以将各个数位上的数按从高位到低位的顺序写在括号中，用逗号隔开。尝试用60进制的数字来计算以下式子：

1时20分30秒 + 2时30分55秒

1时20分30秒 + 2时30分55秒用60进制的数字来表示，就是（1，20，30）+（2，30，55）。秒数是30 + 55 = 85 = 60 + 25，即1分25秒，需要进位；时和分不需要进位。因此计算（1，20，30）+（2，30，55），得出（3，51，25），也就是3时51分25秒。

0、十进制和十进制的展开式

　　本专题将介绍我们十分熟悉的"0"。0的诞生经历了相当长的历史过程，在没有0的时期，为了填补缺位，玛雅人创造了贝壳状的符号，而古巴比伦人则使用了空位或占位符，后来才在印度出现了我们现在使用的"0"。对此，大家一定感到非常吃惊吧！现在我们所使用的数字体系便是由印度人发明的，该数字体系采用的是十进制。我们将通过十进制的展开式向大家介绍十进制中不同数位上的数值到底有什么不同。让我们一起去了解0的诞生、十进制和十进制的展开式，以及为什么0和任何数的乘积都是0吧。

从表示 "0" 的符号到数字 "0"

"0" 的诞生

今天我们将一起去了解 "0" 的诞生。

0不就是什么都没有的意思吗?

是的,如果说我吃了0个面包,那就意味着我没有吃面包。如果有1个面包,而我吃了1个面包,那剩下几个面包呢?

当然是1个面包都不会剩下。

这就相当于剩下了0个面包,用算式表示的话就是 $1-1=0$。换句话说,0是比1小1的数。

那是谁发明了0呢?

据历史记载,古巴比伦人没有数字0,也没有数字0的概念。正如我们前面所说,古巴比伦人使用的是六十进制,为了表示缺位,他们一开始采用留空位的方法,后来采用如下图所示的占位符,但这个符号只用于表示数字中间的0而不用于表示数字末尾的0。

之前不是说玛雅人用贝壳状的符号表示0吗？那我们现在使用的数字"0"，最早是由谁发明的呢？

具体是何人发明的已经无从得知了，但人们普遍认为现在使用的"0"这个数字是由印度人发明的。因为最早的数字"0"是在印度一座寺庙里的石碑上发现的。而从数学角度明确阐述0的性质的人是印度天文学家、数学家——婆罗摩笈多，他生活在大约公元598年到公元665年。当时的印度数学家大多热衷于研究与天体有关的学问，并据此编制历法。据说，婆罗摩笈多曾在印度的乌贾因研究星星，当时那里的天文学研究十分繁盛。

婆罗摩笈多是怎么描述0的呢？

他制订了好几条0与其他数进行运算的规则。例如，任何数与0相加都等于其本身。

$$a + 0 = a$$

任何数减去0都等于其本身。

$$a - 0 = a$$

那么，当任何数减去自身后会得到什么呢？答案当然还是0。

$$a - a = 0$$

还有，0和任何数相乘都得0。

$$a \times 0 = 0$$

不过，他在0做除数的问题上犯了一个错误。他认为0除以0等于0，但实际上这是不正确的。后来的印度数学家婆什迦罗证实了这一错误。

 婆什迦罗？

几个世纪后，12世纪的印度数学家婆什迦罗在0做除数的问题上和婆罗摩笈多的观点产生了分歧。他认为，如果某个数除以0，会得到一个我们无法想象的非常大的数。这一观点为后来牛顿和莱布

尼茨的微积分研究做出了巨大的贡献。

婆什迦罗的著作中最知名的要数《莉拉沃蒂》，这本书就记载了他对0的认识。"莉拉沃蒂"的本意是"美丽"，在古代印度常用作女性的名字，因此有人说，这本书可能是他为女儿或妻子所写。

哇，还有这样的故事啊！

数字在不同的数位，所表示的值也不同吗？

十进制和十进制的展开式

接下来，我们要讲讲十进制计数法。

十进制计数法是以10为基准的计数法吗？

准确地说，每相邻两个计数单位之间的进率都是十的计数方法叫作十进制。在十进制中，有个位、十位、百位、千位等数位。

以3 567这个数字为例，个位上的数是多少呀？

7。

十位上的数呢？

 十位上的数是6，表示60。

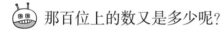 那百位上的数又是多少呢？

表示500的5呗。

最后一个，千位上的数呢？

当然是3，表示3 000。

不错！也就是说，在3 567这个数中，3表示3 000，5表示500，6表示60，7表示7。所以，3 567也可写作：

$$3\ 567 = 3\ 000 + 500 + 60 + 7$$

或

$$3\ 567 = 3 \times 1\ 000 + 5 \times 100 + 6 \times 10 + 7 \times 1$$

像这样，将十进制数按照各数位表示的值展开书写的形式，我们称为十进制的展开式。现在写一写数字3 008的十进制的展开式吧。

很简单啊，千位上的数是3，百位上的数是0，十位上的数是0，个位上的数是8，所以3 008写成十进制的展开式是 $3\ 008 = 3 \times 1\ 000 + 0 \times 100 + 0 \times 10 + 8 \times 1$。

很好！用十进制的展开式来表示数字时，各个数位上的数就是0，1，2，3，4，5，6，7，8，9的其中之一。

那么小数也可以用十进制的展开式来表示吗?

当然可以啦,我们来看一看25.8这个小数吧。如果用十进制的展开式来表示这个小数,就是 $2 \times 10 + 5 \times 1 + 8 \times \frac{1}{10}$ 或者 $2 \times 10 + 5 \times 1 + 8 \times 0.1$。所以十位上的数是2,个位上的数是5,十分位上的数是8。

那我来试一试将478.62写成十进制的展开式吧! $478.62 = 4 \times 100 + 7 \times 10 + 8 \times 1 + 6 \times 0.1 + 2 \times 0.01$,所以百位上的数是4,十位上的数是7,个位上的数是8,十分位上的数是6,百分位上的数是2。

柯马,你太棒啦!

1. 写出百位、十位、个位上的数都是3的三位数。

2. 用十进制的展开式表示0.807。

3. 下面的十进制展开式对应的数是多少?

$$4 \times 100 + 0 \times 10 + 1 \times 1 + 6 \times 0.1 + 0 \times 0.01 +$$
$$0 \times 0.001 + 4 \times 0.000\,1$$

※自测题答案参考116页。

● 郑教授的视频课

▶▶▶ 概念巩固

为什么0和任何数的乘积都是0呢?

为什么0和任何数的乘积都是0呢?我们一起来探讨一下吧。

$$a \times 0 = ?$$

由任何数减去其本身都等于0,可得 $0 = b - b$,将其代入 $a \times 0$,可得下列等式:

$$a \times 0 = a \times (b - b)$$

等式右边根据乘法分配律可得

$$a \times (b - b) = a \times b - a \times b$$

即 $a \times b$ 减去其本身,因此结果为0,故 $a \times 0 = 0$。

扫一扫前勒口二维码,立即观看郑教授的视频课吧。

三进制、二进制和不同进制间的转换

本专题会从我们常用的十进制推广到我们可能不太熟悉的三进制，以及因计算机的使用而广为人知的二进制。通过数学漫画中的小故事，我们会发现十进制数转换为三进制数，其实十分简单且有趣。最后，在视频课中我们一起来解答二进制的应用题吧。

数学漫画

5和（12）₃一样吗？

三进制

李毕福先生有点冤呀。是不是判错了啊？毕竟只用1克、3克、9克、27克、81克这五种秤砣无法称出41克吧？

不，还是可以称的。

怎么称？

用这五种秤砣能从1克称到121克。

真的吗？我不明白。

就是啊，无法想象。

进制实际上说的是计数系统。之前已经介绍过，我们经常使用的进制是十进制，即每进一个数位，这个数位代表的数值就是之前数位的10倍。利用十进制计数时，各个数位上的数用0到9这10个数字表示即可。如果按照十进制各数位上的数值来制造秤砣，想要称到100克的话，需要9个1克的、9个10克的、1个100克的，也就是一共19个秤砣。而漫画中的1，3，9，27，81实际上是三进制各数位上的数值。

🗣️ 三进制？

🤖 三进制是用3代替十进制中的10的一种进制。每进一个数位，其表示的数值就是原来的3倍。

🗣️ 所以不是个位、十位、百位，而是个位、三位、九位啊。

🤖 对，可以这样理解。十进制每位上肯定会有0，1，2，3，4，5，6，7，8，9其中一个数吧？而三进制中每位上的数只会有0，1，2中的一个。十进制数可以用三进制数来表示。比如，十进制数5是3和2的和，因此可以写成$5 = 1 \times 3 + 2 \times 1$。在这一展开式中，与3相乘的1是左起第二位上的数，与1相乘的2是左起第一位上的数。

🗣️ 那是不是可以把5写成12啊？

😦 什么？ 5和12能一样吗？ 不可能。真要是那样的话，不就乱套了？还怎么区分到底是5还是12呢？

🤖 你说得很对。所以三位上的数是1，个位上的数是2，用三进制数表示就写作"$(12)_3$"。为了表示与十进制中12的区别，将三进制12写在括号里，并在后面加上下标3。

🗣️ 怎么读呢？

读作"三进制数一二"。十进制中的1到10，用三进制表示如下：

$$1 = (1)_3$$
$$2 = (2)_3$$
$$3 = 1 \times 3 + 0 \times 1 = (10)_3$$
$$4 = 1 \times 3 + 1 \times 1 = (11)_3$$
$$5 = 1 \times 3 + 2 \times 1 = (12)_3$$
$$6 = 2 \times 3 + 0 \times 1 = (20)_3$$
$$7 = 2 \times 3 + 1 \times 1 = (21)_3$$
$$8 = 2 \times 3 + 2 \times 1 = (22)_3$$
$$9 = 1 \times 9 + 0 \times 3 + 0 \times 1 = (100)_3$$
$$10 = 1 \times 9 + 0 \times 3 + 1 \times 1 = (101)_3$$

就算用三进制来称肉，在称2克或5克的肉时，也是需要2个1克的秤砣吧？

如果只用加法，的确是这样。但如果能用减法，就可以用3－1来表示2。

如何在天平上做减法呢？

很简单，在天平左边的盘子上放1克的秤砣，在右边的盘子上放3克的秤砣，把肉放在盛有1克的秤砣的盘子上，此时如果天平达到平衡，假设肉的质量是□克，左边的盘子上有1克的秤砣，那么左边盘子上物体的总质量就是（□＋1）克。由于

要和右边的3克的秤砣保持平衡，可得□ + 1 = 3，
即肉的质量□ = 3 − 1 = 2。这样，通过减法就能计
算出结果。而从1到10这十个数，实际上只需要
用1，3，9这三个数就能表示出来。

$$1 = 1$$
$$2 = 3 - 1$$
$$3 = 3$$
$$4 = 3 + 1$$
$$5 = 9 - 3 - 1$$
$$6 = 9 - 3$$
$$7 = 9 - 3 + 1$$
$$8 = 9 - 1$$
$$9 = 9$$
$$10 = 9 + 1$$

用这个方法可以称出41克的肉吗？

当然可以，因为41 = 81 − 27 − 9 − 3 − 1，所以先
在左边的盘子上放1克、3克、9克和27克的秤砣，
再在右边的盘子上放81克的秤砣，然后往左边的
盘子上放肉，直到天平达到平衡。此时，肉的质
量正好是41克。

哇！真是个好办法。

计算机使用的二进制
只有0和1的二进制

现在我们来讲一讲二进制吧。二进制中，只有0和1这两个数字，它是所有进制中最简单的一种，同时也是计算机运算的基础。

每进一个数位，数值是上一位的2倍，这种计数方式应该就是二进制吧？

没错，二进制各数位的值分别是1，2，4，8，16，…。比如，用二进制表示7，就是 $7 = 1 \times 4 + 1 \times 2 + 1 \times 1$，写作"$(111)_2$"。

读作"二进制数———"对吧？

没错。那么这次我们反过来，用十进制数来表示二进制数$(1010)_2$吧。

$(1010)_2 = 1 \times 8 + 0 \times 4 + 1 \times 2 + 0 \times 1$，因此用十进制数表示就是10。需要把10写成$(10)_{10}$这样吗？

柯马，你真的太棒了！在不会造成混淆的情况下，十进制数不需要写成括号加下标的形式。现在我告诉你如何快速地将十进制数换算成二进制数。

比如，我们用二进制数来表示 11。先用 11 除以 2，等于 5 余 1，如下式所示。

余数

2 ⌐ 11　　1

5

再用同样的方法将 5 除以 2，得到商和余数。

余数

2 ⌐ 11　　1

2 ⌐ 5　　1

2

然后用同样的方法将 2 除以 2，得到商和余数。

余数

2 ⌐ 11　　1

2 ⌐ 5　　1

2 ⌐ 2　　0

1

接下来用同样的方法将 1 除以 2，得到商和余数。

余数

2 ⌐ 11　　1

2 ⌐ 5　　1

2 ⌐ 2　　0

2 ⌐ 1　　1

0

最后从底部向上依次写出所有的余数，得到的数就是二进制数。

$$
\begin{array}{r|cc}
 & & \text{余数} & \text{低位} \\
2 & 11 & 1 & \\
2 & 5 & 1 & \\
2 & 2 & 0 & \\
2 & 1 & 1 & \\
 & 0 & & \text{高位}
\end{array}
$$

所以，11用二进制数表示，就是$(1011)_2$。

 二进制数的加法和减法该怎么计算呢?

 想想十进制数的加法和减法，在十进制数的加法中，满十进一，但是在二进制数的加法中，满二进一。我以下面这道加法题为例进行说明。

$$(11011)_2 + (1101)_2$$

首先，把上面的算式写成如下的竖式。方框内的数加起来是2，所以进1留0。

$$
\begin{array}{r}
1\ 1\ 0\ 1\ 1 \\
+\ \ \ 1\ 1\ 0\ 1 \\
\hline
\end{array}
$$

再看下式方框里的数，同样相加得2，所以还是进1留0。

$$
\begin{array}{r}
1\ \ \ \ \\
1\ 1\ 0\ 1\ 1 \\
+\ \ \ 1\ 1\ 0\ 1 \\
\hline
0
\end{array}
$$

下式方框里的数加起来还是 2，故进 1 留 0。

```
      1  1
   1  1  0  1  1
+     1  1  0  1
─────────────────
            0  0
```

接下来，下式方框里的数加起来是 3，所以进 1 留 1。

```
      1  1  1
   1  1  0  1  1
+     1  1  0  1
─────────────────
         0  0  0
```

下式方框里的数相加，再次得 2，故进 1 留 0。

```
   1  1  1  1
   1  1  0  1  1
+     1  1  0  1
─────────────────
      1  0  0  0
```

最后，将进位的 1 写到竖式下方，就得到答案 $(101000)_2$。

```
   1  1  1  1
      1  1  0  1  1
+        1  1  0  1
─────────────────
   1  0  1  0  0  0
```

所以

$$(11011)_2 + (1101)_2 = (101000)_2$$

⬚ 减法也举例说明一下吧。

🤖 没问题，我们来看一看下面这个算式吧。

$$(1101)_2 - (110)_2$$

和加法一样，首先将上式写成竖式。

$$
\begin{array}{r}
1\ 1\ 0\ 1 \\
-\ \ \ 1\ 1\ 0 \\
\hline
\end{array}
$$

1可以减0，所以得出下式。

$$
\begin{array}{r}
1\ 1\ 0\ 1 \\
-\ \ \ 1\ 1\ 0 \\
\hline
1
\end{array}
$$

接着，由于0不够减1，因此向前一位"借1"，变成2，前一位变为0。

$$
\begin{array}{r}
0\ 2 \\
1\ \cancel{1}\ \cancel{0}\ 1 \\
-\ \ \ 1\ 1\ 0 \\
\hline
1\ 1
\end{array}
$$

同样，0不能减1，所以向前一位"借1"，变成2，前一位变为0。

$$
\begin{array}{r}
2 \\
\cancel{0} \\
\cancel{1}\ \cancel{1}\ \cancel{0}\ 1 \\
-\ \ \ 1\ 1\ 0 \\
\hline
1\ 1\ 1
\end{array}
$$

最后可得

$$(1101)_2 - (110)_2 = (111)_2$$

不难啊，让我练习一下。

还有我，还有我！

1. 用三进制数表示十进制数11。

2. 用二进制数表示十进制数12。

3. 求（10010）$_2$ + □ +（10）$_2$ =（11010）$_2$ 中的二进制数□。

※自测题答案参考117页。

二进制的应用题

一起来看看下面这道关于二进制的应用题。

> 四位二进制数中，将最大的数和第三小的数分别用十进制数a和b表示，求$a + b$的值。

四位二进制数中，最大的数$a = (1111)_2$，第三小的数$b = (1010)_2$。

将a和b分别用十进制数表示，可得$a = (1111)_2 = 8 + 4 + 2 + 1 = 15$，$b = (1010)_2 = 8 + 2 = 10$，所以$a + b = 15 + 10 = 25$。

二进制、密码和十二进制

　　看到本专题题目中的"二进制"和"密码"，是不是就觉得很有意思？跟随数学漫画中的故事，一起解读罗密欧与朱丽叶的秘密书信，轻松愉快地了解二进制的相关内容吧。同时，本专题还将介绍日常生活中的其他进制，比如十二进制，听起来也许有些陌生，但通过本专题的讲解，你就会发现其实十二进制在我们的生活中随处可见。

朱丽叶，今后你父亲有可能不让我们见面。如果以后无法爬树和你联系，你就用这些卡片解开我给你留的数字密码吧，密码是二进制的哟。

1			
人	目	木	厂
日	几	广	寸
兔	平	方	立

2			
十	目	月	厂
可	几	田	寸
口	平	土	立

4			
一	木	月	厂
子	广	田	寸
马	方	土	立

8			
白	日	可	几
子	广	田	寸
艹			

16			
夕	兔	口	平
马	方	土	立
艹			

罗密欧与朱丽叶的秘密书信

二进制和密码

罗密欧与朱丽叶终于在一起了，不是原来那个悲剧了呢！

我喜欢皆大欢喜的结局。

我也是。

话说是怎么用五张卡片就解开了密码的呢？

我们再来看一下那五张卡片吧。

1			
人	目	木	厂
日	几	广	寸
兔	平	方	立

2			
十	目	月	厂
可	几	田	寸
口	平	土	立

4			
一	木	月	厂
子	广	田	寸
马	方	土	立

8			
白	日	可	几
子	广	田	寸
艹			

16			
夕	兔	口	平
马	方	土	立
艹			

卡片上方分别写着1，2，4，8，16，对吧？它们分别对应二进制的数位。每张卡片上都有一些偏旁部首。

你不是说二进制是用0和1来表示所有的数吗？可是罗密欧写的密码里还有9、19这样的数，这也不是0和1啊。

要把罗密欧写的密码转换成二进制才行。看第一个数9，用二进制表示就是（1001）$_2$。这样最高位和最低位上的数是1，其余两位上的数是0。所以只需要找出卡片8和1上有，其他卡片上没有的偏旁部首即可。

那就是"日"。

对，9代表"日"，接下来看看19吧。

由于19 = 16 + 2 + 1，转换成二进制数是（10011）$_2$，因此只需要找出在卡片16、卡片2和卡片1上共同出现的偏旁部首，这样19就对应着"平"。

像这样，把1到24对应的偏旁部首整理如下：

1 = 人　　　　13 = 广

2 = 十　　　　14 = 田

3 = 目　　　　15 = 寸

4 = 一　　　　16 = 夕

5 = 木　　　　17 = 免

6 = 月　　　　18 = 口

7 = 厂　　　　19 = 平

8 = 白　　　　20 = 马

9 = 日　　　　21 = 方

10 = 可　　　　22 = 土

11 = 几　　　　23 = 立

12 = 子　　　　24 = 艹

那么，把9-6，9-17，12，9-15，24-9-2，22-19中所有数字对应的偏旁部首就是下面这几个。

日　月　日　免　子　日　寸　艹　日　十　土　平

按照密码中的分组进行组合，就得到了"明晚子时草坪"。哇！真是不错的密码呀。

其实，也可以将密码直接写成二进制的形式。

怎么做呢？

用五位二进制数来表示十进制数，若转换后的位数不足，就在前面补0。比如用（00001）₂表示十进制数1，用（00010）₂表示十进制数10，像这样可以把1到24全部表示出来。直接把这些二进制数分别对应偏旁部首，就会得到如下的对应关系。因为这里是密码，而不是实际的二进制数，所以就不用再写成加括号后再加下标的形式了。

人 = 00001	广 = 01101
十 = 00010	田 = 01110
目 = 00011	寸 = 01111
一 = 00100	夕 = 10000
木 = 00101	免 = 10001
月 = 00110	口 = 10010
厂 = 00111	平 = 10011
白 = 01000	马 = 10100
日 = 01001	方 = 10101
可 = 01010	土 = 10110
几 = 01011	立 = 10111
子 = 01100	艹 = 11000

这么说来，"柯马"写成密码的话，就是00101-01010，10100吧。

完美！柯马，看来你已经完全理解了。

日常生活中的其他进制
十二进制

在日常生活中，我们还会使用其他进制吗？

当然会啦，欧洲曾经有很长一段时间都在用十二进制。因为12可以被1，2，3，4，6，12整除。

这个十二进制用在哪里呢？

请问，1打铅笔是几支呢？

1打铅笔是12支。

柯马一下子就听懂了"1打"是什么意思。以前1捆铅笔用"打"表示，"打"是英文单词"dozen"的音译，意为"12"。

现在也有很多人使用这个词，所以大部分人应该都知道吧。

这里的"打"就是使用十二进制的例子。23支铅笔会说1打加11支，而24支铅笔就可以说是"2打"。

一天有24小时，所以是2"打"小时。

对，1小时是5"打"分钟，1分钟是5"打"秒。时至今日，很多国家，特别是英国和美国，还在使用十二进制的单位，比如英尺、英寸等长度单位。

英尺、英寸？我虽然听过这些长度单位，但是实际上没有用到过。

英尺的英语单词是"foot"（脚）。1英尺等于30.48厘米，它是源自人脚长度的单位。而表示比英尺更小的长度时，会用到"英寸"，两者的关系如下：

$$1英尺 = 12英寸$$

那1英尺就是1"打"英寸喽。

对。1英寸是2.54厘米。

原来十二进制有这么多用处啊。十二进制还用在什么地方呢？

 一年有多少个月？

原来年、月之间也是十二进制的。

是的。许多古代文明都用十二进制来计时，比如中国古代用十二地支，即子、丑、寅、卯、辰、巳、午、未、申、酉、戌、亥，对应一天的十二个时辰，数学漫画中所说的"子时"就是其中之一。

我还听说过十二生肖，也就是用12种动物代表不同的年份，好像这也是一种十二进制。

对，其实十二生肖就是和十二地支一一对应的。

子	丑	寅	卯	辰	巳
鼠	牛	虎	兔	龙	蛇
午	未	申	酉	戌	亥
马	羊	猴	鸡	狗	猪

在西方文化中，会将一年划分为十二星座，就是所谓的"黄道十二宫"，也是用的十二进制。

原来十二进制在生活中还是很常见的，只是我之前都没有注意到。

对呀，实际上，数学和我们的日常生活是密不可分的。

1. 运用数学漫画中的卡片，解读下列密码。

9–4，16

2. 运用数学漫画中的卡片写一条密语。

3. 运用数学漫画中的卡片，解读下列密码。

00100–01000，00001–00100–10010

※ 自测题答案参考118页。

二进制的数列问题

根据以下数列的规律，在□里填上正确的二进制数。

$$(1)_2, (11)_2, (101)_2, (111)_2,$$
$$\square, (1011)_2, \cdots$$

这是二进制数组成的数列，直接找出其中的规律可能比较困难，可以尝试先把所有的数换算成十进制数，如下所示。

$$1, 3, 5, 7, \square, 11, \cdots$$

通过观察，很容易发现这是一个公差为2的等差数列，因此□中应该填9，再将9换算成二进制数，便可得到□里的二进制数是$(1001)_2$。

专题 **5**

计算机是如何进行运算的?

　　本专题将讲述"计算机实际上只做加法"这一惊人的事实。大家可能会有疑问，计算机难道不能做减法吗？准确地说，计算机不是不能做减法，而是通过做加法求出减法的答案。可能很多读者对此还是将信将疑，那么让我们现在就出发，去看看计算机是如何进行运算的吧。在视频课中，我们还将探讨进制的基本原理和规律。

计算机只会做加法吗?
计算机的运算方法

我听说计算机使用二进制,那么计算机究竟是如何进行四则运算的呢?

实际上,计算机只会做最基本的加法运算。首先来讲解一下计算机如何做加法。计算机里的数据都是由0和1构成的。

所以是二进制。

对,我们在启动程序的时候,计算机内由0和1构成的数据就会执行某种运算,其值也随之发生变化。简单地说,计算机是通过CPU中执行加法的逻辑电路来进行运算的。

CPU是什么?

CPU是"central processing unit"的缩写,翻译过来就是"中央处理器"。CPU是计算机的"大脑",其功能是执行使用者输入的指令并输出结果。

确实和人的大脑的作用差不多啊。

没错,计算机中数字化信息的最小度量单位叫作比特,英文为"bit"。bit是英文"binary digit"(二进制数字)的缩写。读一下就知道比特是bit的音译。

我还是不太明白比特和信息有什么关系。

 想象一下，一只灯泡只能呈现灭和亮两种状态中的一种。

灭　　　　　　亮

可以把比特当作是储存0或1的最小单位，也可以认为是0或1可以进入的房间。换句话说，1比特可以储存两种信息，如下图所示。

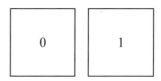

 如果想储存更多的信息呢？

 使用多个比特就可以了。使用两个比特就叫作2比特，可以看作有两个房间，每个房间都可以储存0或1，那么2比特可以储存4种信息。通过这种方式，利用更多的比特就可以储存更多的信息。

 我听说还有字节的概念，它是用来表示存储能力的？

对，8比特是1字节，字节的英文是"byte"，可以写作"1字节 = 8比特"，一个字节可以看成8个房间，如下图所示。

0	0
0	1
1	0
1	1

计算机在进行加法运算时，要使用几个比特呢?

计算机可以进行多比特运算，我们以比较简单的4比特加法运算为例。

如果是4比特，那就是有4个房间啰。

对，现在让我来告诉你们计算机进行加法运算的过程。首先计算最简单的3 + 2。

用十进制计算的话，是3 + 2 = 5。

由于计算机只能使用0和1，因此应该用二进制来计算。

3的二进制数是（11）$_2$。

由于是4比特，就得有4个房间。

0	0	1	1

3用4比特表示的话，就是（0011）$_2$。

2的二进制数是10，用4比特表示的话，就是（0010）$_2$。

0	0	1	0

太棒啦。所以用4比特来计算3＋2，结果如下列竖式所示。

$$\begin{array}{r} 0\ 0\ 1\ 1 \\ +\ 0\ 0\ 1\ 0 \\ \hline 0\ 1\ 0\ 1 \end{array}$$

二进制数101的十进制数就是5。

那么减法是通过CPU中的减法逻辑电路来进行的吗?

CPU 中没有减法逻辑电路。

那计算机不能做减法吗?

不是的,计算机可以通过使用补码来进行减法运算。

补码是什么?

我们以计算机计算 12－6 的过程为例来进行说明吧。12 用 4 比特的二进制数表示是多少?

是 1100。

6 用 4 比特的二进制数表示是多少?

是 0110。

所以我们要进行的运算写成竖式如下:

$$
\begin{array}{r}
1\ 1\ 0\ 0 \\
-\ 0\ 1\ 1\ 0 \\
\hline
\end{array}
$$

不是说 CPU 中没有减法逻辑电路吗?

是的,所以我们需要先求减数的补码,然后将这个补码和被减数相加来实现减法运算。求减数的补码包括两个步骤,第一步是求减数的反码,就是把 0 转换成 1,把 1 转换成 0。那么,0110 的反码是多少?

很简单,是 1001。

真棒！第二步就是在减数反码的最低位上加1。所以，0110的补码是1010，即在其反码1001上加1。接下来，我们做如下的加法即可。

$$
\begin{array}{r}
1\ 1\ 0\ 0 \\
+\ 1\ 0\ 1\ 0 \\
\hline
1\ 0\ 1\ 1\ 0
\end{array}
$$

糟糕！ 4比特数变成5比特数了。

由于4比特数只有4个房间，进位的1没有房间可以进，因此要舍去。

$$
\begin{array}{r}
1\ 1\ 0\ 0 \\
+\ 1\ 0\ 1\ 0 \\
\hline
\cancel{1}\ 0\ 1\ 1\ 0
\end{array}
$$

舍去

所以答案是0110，其十进制数为6，这样计算机就算出了 $12 - 6 = 6$。

计算机中的"门"
输入数据与输出数据

计算机中的数据只有0和1，那数据可以被更改吗?

当然可以啦，利用"门"就行了。

门？

英文单词是"gate"，直译过来就是"门"。门有很多种类，数据在通过门之后，可以发生改变。进入门内的数据称为输入数据，从门中出来的数据称为输出数据。

有哪些门呢？

有"非门"，英文是"NOT gate"。

"NOT"不是表示"否定"吗？

没错，这个门的作用就是将0转换成1，将1转换成0。输入0时会输出1，输入1时会输出0。

为什么会叫作"非门"呢？

如果1为真，0为假，不就是真转换为假，假转换为真吗？

如果真转换为假，就是"否定"，所以才叫"非门"吗？

没错。

有两个输入数据同时进入一个门的情况吗？

有，最典型的就有"与门"（AND gate）和"或门"（OR gate）。与门是只有当两个输入数据都为1时，输出数据才为1，否则输出数据均为0。

原来输入两个数据，可以只输出一个数据啊。

对。

🔲 或门呢?

🤖 或门是只有当两个输入数据都为0时，输出数据才为0，否则输出数据均为1。

😰 好神奇啊。

🔲 这些门是怎么制作的呢?

🤖 有一种材料叫作半导体，门就是由半导体制作而成的。

🔲 原来如此。

1. 写出（0011）$_2$的反码和补码。

2. 1个字节是由几个比特组成的呢?

3. 用4比特的二进制数表示十进制数7。

※自测题答案参考119页。

进制的基本原理和规律

如下图所示，图中的十进制数是由上方的绿色方块按照一定的规律加以呈现的。

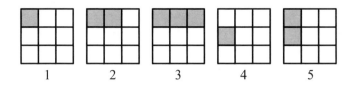

根据下图所给出的A和B，求$A + B$的十进制数。

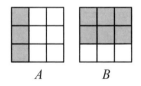

每层有3个方格，以一层为例，可以分为以下四种情况。

由此可知，图片所表示的是四进制数。上图依次为0，1，2，3。根据这一规律，可知$A =$

（ 111 ）$_4$，B =（ 33 ）$_4$。分别将这两个数转换为十进制数，可得 $A = 1 \times 4 \times 4 + 1 \times 4 + 1 \times 1 = 21$，$B = 3 \times 4 + 3 \times 1 = 15$。

因此，$A + B = 21 + 15 = 36$。

人工智能

　　本专题将讲述近来备受关注的人工智能，包括什么是人工智能、普通机器人和人工智能有什么不同等内容。同时，我们也会和大家一起去了解机器人是如何拥有人工智能的。此外，还会讲述一款名为阿尔法围棋（AlphaGo、AlphaGo Zero）的人工智能程序的有趣故事，它曾与多名人类围棋顶尖高手展开"人机大战"，仅在与韩国李世石九段的对弈中输掉一局。在视频课中，我们会进一步了解任意一种进制的展开式。

什么是人工智能？

机器学习与深度学习

什么是人工智能？

智能指的是智慧和能力的总和，英文是"intelligence"。

那么人工智能就是人造的智能吗？

没错，人工智能就是要让机器模拟、延伸甚至扩展人类的智慧和能力，英文是"artificial intelligence"，简称AI。1956年达特茅斯会议上，约翰·麦卡锡（John McCarthy）提出了"人工智能"一词。

人工智能这个词倒是经常听说，但人类的智慧和能力具体指的是什么呢？

指的是学习能力、推理能力、感知能力、语言理解能力、做出行动的能力等。

人工智能和计算机不一样？

当然啦，计算机只执行人类的指令，但是人工智能的重点在于拥有智能。

人工智能是如何拥有智能的呢？

要想弄清楚这一点，就要知道人类是如何拥有智能的。人类的大脑是由许多许多个叫作神经元的神经细胞组成的。各个神经元通过叫作突触的连接部位与其他神经元连接在一起，形成神经网络。

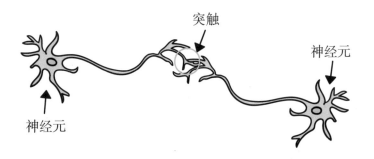

1958年，美国心理学家罗森布拉特研究了人类是如何通过神经网络感知物理世界的信息并产生记忆的，以及这些记忆中的信息是如何影响人的认知和行为的。基于此，罗森布拉特提出了一类人工神经网络模型——感知机模型。

可是，机器不是没有神经网络吗？

没错，所以人类为他们创造了一套能像神经网络一样发挥作用的东西。上面提到的感知机模型就是人工神经网络的雏形之一。

机器有了神经网络就能像人类一样拥有智能了吗？

人类的智能主要是通过学习获得的。同样的道理，让机器去学习从而获得智能是人工智能重要的研究领域。

原来机器也要学习呀。

当然啦，只有这样，机器才能和人类成为朋友呀。

我还有几个问题，该让什么样的机器学习？怎么才能让机器学习呢？

简单来说就是让计算机和机器人学习，从而制造出人工智能计算机和人工智能机器人。主要的方法让它们进行机器学习和深度学习。

我都不是很了解，就从机器学习开始，给我们讲讲吧。

机器学习，顾名思义就是让机器学习。机器学习的过程实际上就是让机器模拟人类利用已有的经验为新的情况做出有效决策的过程。这和我们学习数学的过程差不多，先学习人类已有的数学知识，再利用这些知识来解决生活中遇到的新问题。

能具体说说机器是怎样学习的吗？

机器学习可以分为监督学习、非监督学习、强化学习等。我们先来说说监督学习。监督学习的过程与我们"刷题"的过程差不多。想一想我们学数学的时候吧，通常都是自己先做题，然后对答案，看看有没有做错，对吧？接下来，用与错题同类型的题目反复练习，这样以后就不会再做错这一类型的题目了。也就是说，我们学会了这类题目，是不是？机器学习就是让机器按照"刷题—对答案—反复练习—不再出错"这种方法进行学习。

原来机器也可以通过"刷题"来提高呀。那么，监督学习有什么用处呢？

它主要用于模型识别。举个例子吧：首先给机器输入各种狗和猫的照片，然后用任意一张动物照片让机器区分是狗还是猫。由于之前通过监督学习，即读取大量狗和猫的照片，机器已经进行了很多类似问题的练习，因此它们已经掌握了狗和猫的区别，是一个识别猫狗的小能手啦。

这也是"刷题"的力量啊！

算是吧。

那非监督学习呢？

非监督学习就是为机器提供大量数据，让机器找到数据之间的关联和结构。简单点说，就是按照某种特征将数据分类。例如，把许多动物照片输入机器，机器就会按照四条腿、两条腿、有翅膀、没翅膀等标准进行分类。

提升了一个层次啊！

是的。非监督学习在市场分析、基因分类、异常检测等领域都有应用。除了监督学习和非监督学习以外，还有强化学习。

这又是什么啊？

我们学习好或者运动能力强，不是会得到奖励吗？同样地，强化学习是当机器获得正确结果时就给予奖励的一种学习方法。强化学习有点儿像游戏，比如获得一定的分数，就会给予装备奖励。

那么深度学习是什么呢？它和机器学习有什么不同呢？

深度学习的英文是"deep learning"。深度学习是机器学习领域中一个新的研究和发展方向。如果说早期的机器学习可以类比为小学低年级的简单学习，那么发展到深度学习阶段的机器学习就可以类比为中学和大学的学习。与人类通过解决问题得出结论的过程相似，深度学习可以简单地理解为模拟人脑思维分层的特点，利用一种更为复杂的人工神经网络分析更多的数据，从而得出更为抽象的结论的过程。在深度学习中，要想得出更加准确的结论，就需要海量的数据，这些海量的数据就称为"大数据"。有一个很形象的比喻，如果说深度学习是人工智能应用的"引擎"，那么大数据就是"燃料"。

 要分析海量的数据，计算机的性能要很好才行吧。

对，在深度学习中常用的人工神经网络就是模仿人类的大脑设计的，它由输入层、隐藏层和输出层构成，有多个隐藏层的人工神经网络叫作深度神经网络。通过创建更多的神经网络层数，增加其中节点的数量，可以强化神经网络的学习能力。

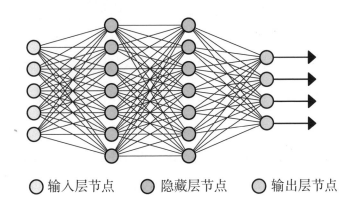

⬤ 输入层节点   ⬤ 隐藏层节点   ⬤ 输出层节点

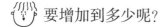要增加到多少呢？

2012年，科学家们开发出一个拥有9个神经网络层，约10亿个节点的深度神经网络的人工智能。研究人员利用这个人工智能在社交平台上截取了一千万张照片，并用这些照片对它进行训练，结果发现接受过训练的人工智能，拥有极强的图像识别能力。因此，在医学领域，医生可以利用人工智能来判断标记物是否为肿瘤。在工业领域，人工智能可以被用来筛选残次品。

人工智能还用在哪里呢？

未来，人工智能或许可以用于真正意义上的无人驾驶技术。装载人工智能的无人驾驶汽车，具有避免突发事故的能力，可能比人类驾驶更加安全。

还有其他的例子吗？

有啊，比如用于建筑设计的绘图机器人。

不是所有的机器人都是靠人工智能运行的吧？

是的，有人误以为所有的机器人都是靠人工智能运行的，但实际上大部分机器人只是利用提前设计好的逻辑电路来运行的自动化装置，比如工厂里搬运货物的机器人、家用扫地机器人等，都是在逻辑电路的控制下运行的。而人工智能机器人，在人类下达指令之前就会自己打扫卫生，或者在有垃圾、灰尘时，就会自己主动清理。这都是因为人工智能机器人有自己的思想和判断力。

听完你说的，我都想要一个人工智能机器人了。

这个愿望或许不久的将来就可以实现哟！

人工智能和人类进行过智能比拼吗？

当然啦，最出名的当属2016年3月人工智能程序——阿尔法围棋和李世石九段的围棋大战。

最后谁赢了呢？

人工智能阿尔法围棋以4胜1败的成绩赢得了比赛。阿尔法围棋拥有和人类相似的神经网络结构，该神经网络由策略网络（policy network）和估值网络（value network）两个神经网络构成。策略网络的作用是分析下一步棋如何下，估值网络的作用是预测谁会赢。通过深度学习，阿尔法围棋掌握了李世石九段的下棋风格以及战胜他的方法。

这是深度学习的胜利啊！

也可以这么说。

李世石九段尽管以 1 : 4 的比分输给了学习并战胜自己的人工智能，但也赢了一局，是不是很了不起？我觉得他已经完成了一项几乎不可能完成的任务。

听了床怪的话，好像确实是这样。毕竟，他也赢过那个为了战胜自己，已然做好万全准备的人工智能。

是的，虽然只胜了一局，但已经是十分了不起的成绩啦。要知道阿尔法围棋进行过很多场围棋比赛，直到退役，在与人类的比赛中也只有一次失利，就是败给李世石九段的那一局。

哇！阿尔法围棋的确很厉害，不过李世石九段也很了不起啊。他是与人工智能对弈的人类中，唯一取得过胜利的棋手！

1. 首次提出"人工智能"的人物是（　　）。

　　（A）约翰·麦卡锡

　　（B）罗森布拉特

　　（C）艾伦·图灵

2. 下列选项中不属于机器学习的是（　　）。

　　（A）监督学习

　　（B）非监督学习

　　（C）深度学习

3. 与李世石九段进行围棋大战的人工智能程序叫什么?

※自测题答案参考120页。

任意一种进制的展开式

现在让我们一起来学习任意一种进制的展开式——p 进制的展开式。每进一位，数位上的数值是原先的 p 倍，这种计数方法叫作 p 进制。p 进制可以使用的数字如下：

$$0, \ 1, \ 2, \ 3, \ \cdots, \ p-1$$

以 p 进制数 $(324)_p$ 为例，在这里 3 表示的值是 $3 \times p^2$，2 表示的值是 $2 \times p$，4 表示的值是 4×1，此时 p^2，p 和 1 分别是各数位代表的数值。由此可知，每进一位，数位上的数值是原先的 p 倍。因此 $(324)_p$ 可写成如下等式：

$$(324)_p = 3 \times p^2 + 2 \times p + 4 \times 1$$

这就是 p 进制的展开式。

专题 **总结**

附 录

图灵

（Alan Mathison Turing）

我叫图灵，1912年出生于英国伦敦，是一位数学家、逻辑学家。和许多数学家一样，我从小就对数学充满了兴趣。我还自学了微积分。

在剑桥大学国王学院学习数学的过程中，我于1936年发表了一篇题为《论可计算的数及其在密码问题中的应用》的论文，引起了人们的广泛关注。在这篇论文中，我论证了机器进行计算的原理，奠定了现代计算机的理论基础。后来我的这一想法被一位名叫冯·诺依曼的数学家进一步完善，为现代计算机的发明做出了巨大贡献。因此，大家都叫我"计算机科学之父"。

我在美国普林斯顿大学取得博士学位后，学校给我提供了助教一职，但是我谢绝了，并选择回到英国。

1939年，我在英国的密码破译组织工作，负责破解德国密码。在此期间，我破解了之前无人破解成功的德国密码系统——恩尼格玛密码机（Enigma）。

　　第二次世界大战结束以后，我在曼彻斯特大学参与了自动数字计算机（MADAM）的研发，发表了英国最早关于存储程序计算机设计相关的论文。1950年，我发表了人工智能相关的论文《计算机和智能》。

　　除了数学，我对生物学也很感兴趣，模拟了生物产生新形态过程的实验，我还研究了数学和物理学在生物学中的应用。大家可能记不住我所做过的各项研究，但希望大家能知道"图灵为现代计算机的发明做出了巨大的贡献，他是一个致力于破解密码和研究人工智能的人"。

　　最近有很多学生对人工智能十分感兴趣，如果你已经开始学习相关内容，那么我们一定会再次见面的，到那时我们再相互问候吧。

论如何利用三进制制作英语密码卡片

罗岩浩，2023年（图灵小学）

摘要

本文研究的是利用三进制制作英语密码卡片。

1. 绪论

有研究者利用二进制制作的密码卡片共有五张，如下图所示。

1			
人	目	木	厂
日	几	广	寸
兔	平	方	立

2			
十	目	月	厂
可	几	田	寸
口	平	土	立

4			
一	木	月	厂
子	广	田	寸
马	方	土	立

8			
白	日	可	几
子	广	田	寸
艹			

16			
夕	兔	口	平
马	方	土	立
艹			

　　本文将研究用三进制如何制作英语密码卡片。

2. 三进制密码

　　在日常生活中，我们主要使用十进制来表示数，每进一位，数位上的数值是原先的10倍。三进制就是用"三"代替十进制中的"十"，即每进一位，数位上的数值是原先的3倍。因此，三进制中从低位到高位各个数位上的值分别为1，3，9，27，…。此外，十进制各数位上的数为0到9其中之一，而三进制各数位上的数为0，1，2其中之一。

　　要制作三进制的英语密码卡片，首先要用三进制数表示英文字母。

$$a = 1 = 1 \times 1 = (1)_3$$

$$b = 2 = 2 \times 1 = (2)_3$$

$$c = 3 = 1 \times 3 + 0 \times 1 = (10)_3$$

$$d = 4 = 1 \times 3 + 1 \times 1 = (11)_3$$

$$e = 5 = 1 \times 3 + 2 \times 1 = (12)_3$$

$$f = 6 = 2 \times 3 + 0 \times 1 = (20)_3$$

$$g = 7 = 2 \times 3 + 1 \times 1 = (21)_3$$

$$h = 8 = 2 \times 3 + 2 \times 1 = (22)_3$$

$$i = 9 = 1 \times 9 + 0 \times 3 + 0 \times 1 = (100)_3$$

$$j = 10 = 1 \times 9 + 0 \times 3 + 1 \times 1 = (101)_3$$

$$k = 11 = 1 \times 9 + 0 \times 3 + 2 \times 1 = (102)_3$$

$$l = 12 = 1 \times 9 + 1 \times 3 + 0 \times 1 = (110)_3$$

$$m = 13 = 1 \times 9 + 1 \times 3 + 1 \times 1 = (111)_3$$

$$n = 14 = 1 \times 9 + 1 \times 3 + 2 \times 1 = (112)_3$$

$$o = 15 = 1 \times 9 + 2 \times 3 + 0 \times 1 = (120)_3$$

$$p = 16 = 1 \times 9 + 2 \times 3 + 1 \times 1 = (121)_3$$

$$q = 17 = 1 \times 9 + 2 \times 3 + 2 \times 1 = (122)_3$$

$$r = 18 = 2 \times 9 + 0 \times 3 + 0 \times 1 = (200)_3$$

$$s = 19 = 2 \times 9 + 0 \times 3 + 1 \times 1 = (201)_3$$

$$t = 20 = 2 \times 9 + 0 \times 3 + 2 \times 1 = (202)_3$$

$$u = 21 = 2 \times 9 + 1 \times 3 + 0 \times 1 = (210)_3$$

$$v = 22 = 2 \times 9 + 1 \times 3 + 1 \times 1 = (211)_3$$

$$w = 23 = 2 \times 9 + 1 \times 3 + 2 \times 1 = (212)_3$$

$$x = 24 = 2 \times 9 + 2 \times 3 + 0 \times 1 = (220)_3$$

$$y = 25 = 2 \times 9 + 2 \times 3 + 1 \times 1 = (221)_3$$

$$z = 26 = 2 \times 9 + 2 \times 3 + 2 \times 1 = (222)_3$$

与二进制密码卡片不同，三进制的英语密码卡片需要

1号卡片、3号卡片和9号卡片各两张。将每个字母所在卡
片的号码分别相加，就会得到十进制数1到26，这些数字
与英文字母在字母表中的顺序一一对应，因此能够破解密
码。根据这个原理，制作如下图所示的三进制英语卡片。

1			
a	b	d	e
h	j	k	n
q	s	t	w
y	z		

1			
b	e	g	h
k	m	n	p
q	t	v	w
z			

3			
c	d	e	f
g	h	o	p
q	v	w	x
y	z		

3			
f	g	h	l
m	n	o	p
q	u	x	y
z			

9			
i	j	k	l
m	n	o	p
q	r	s	t
u	v	w	x
y	z		

9			
r	s	t	u
v	w	x	y
z			

3. 应用举例

以密码13-1-25为例，介绍英语密码卡片的使用方法。

十进制数 $13 = 9 + 3 + 1$，转换成三进制数为 $(111)_3$，即13代表的字母是一张9号卡片、一张3号卡片和一张1号卡片所共有的字母。因此，我们首先需要排除任意两张相同号码卡片共有的字母，然后就很容易看出一张9号卡片、一张3号卡片和一张1号卡片所共有的字母是m，如下图所示。

1			
a	b	d	e
h	j	k	n
q	s	t	w
y	z		

1			
b	e	g	h
k	(m)	n	p
q	t	v	w
z			

3			
c	d	e	f
g	h	o	p
q	v	w	x
y	z		

3			
f	g	h	l
(m)	n	o	p
q	u	x	y
z			

9			
i	j	k	l
(m)	n	o	p
q	~~r~~	~~s~~	~~t~~
~~u~~	~~v~~	~~w~~	~~x~~
y	~~z~~		

9			
~~r~~	~~s~~	~~t~~	u
~~v~~	w	~~x~~	y
~~z~~			

十进制数1转换成三进制数是（1）₃，因此1代表的是只有一张1号卡片所独有的字母，也就是a。

十进制数$25 = 9 \times 2 + 3 \times 2 + 1$，转换成三进制数为（221）₃，即25所表示的字母是两张9号卡片、两张3号卡片和一张1号卡片所共有的字母。因此，我们要先排除两张9号卡片不共有的字母，以及两张3号卡片不共有的字母，再排除两张1号卡片所共有的字母，然后就很容易看出两张9号卡片、两张3号卡片和一张1号卡片所共有的字母是y，如下图所示。

1			
a	~~b~~	d	~~e~~
~~h~~	j	~~k~~	~~n~~
~~q~~	s	~~t~~	w
(y)	~~z~~		

1			
~~b~~	~~e~~	g	~~h~~
~~k~~	m	~~n~~	p
~~q~~	~~t~~	v	w
~~z~~			

3			
c	d	e	f
g	h	o	p
q	v	w	x
y	z		

3			
f	g	h	l
m	n	o	p
q	u	x	y
z			

9			
i	j	k	l
m	n	o	p
q	r	s	t
u	v	w	x
y	z		

9			
r	s	t	u
v	w	x	y
z			

由此可知，密码 13-1-25 所代表的英文单词是 may。

4. 结论

笔者利用三进制制作了英语密码卡片，并举例说明了使用方法。期待大家能够用同样的方法利用四进制、五进制等制作密码卡片。

1. 65用巴比伦的楔形文字表示是Ϝ 𒐏。

2. 68。

提示：由于Ϝ 𒐏十位是1，个位是8，因此转换为我们使用的十进制数就是60 + 8 = 68。

3. 由100 = 5 × 20 + 0，可得十位上的数为5，个位上的数为0。故玛雅数字中的100如下图所示。

1. 333。

2. $0.807 = 8 \times 0.1 + 0 \times 0.01 + 7 \times 0.001$。

3. 401.600 4。

走进数学的
奇幻世界!

1. $11 = 1 \times 9 + 0 \times 3 + 2 \times 1 = (\ 102\ )_3$。

2. $12 = 1 \times 8 + 1 \times 4 + 0 \times 2 + 0 \times 1 = (\ 1100\ )_2$。

提示：也可以使用专题3中所说的短除法，如下图所示。

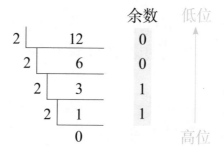

3. $\square = (\ 110\ )_2$。

提示：先将$(\ 10010\ )_2 + \square + (\ 10\ )_2 = (\ 11010\ )_2$ 中的二进制数全部换算成十进制数，则有 $18 + \square + 2 = 26$。由$20 + \square = 26$，可得$\square = 6$。 再将6换算成二进制数，则$\square = (\ 110\ )_2$。

1. 旦夕。

提示：根据卡片可知，

$$9 = 日$$
$$4 = 一$$
$$16 = 夕$$

2. 9–17，2，4，9–15，5–15，18（晚十一时村口）。

提示：答案有很多，以上仅为一例。

3. 百合。

提示：根据卡片可知，

$$00100 = 一$$
$$01000 = 白$$
$$00001 = 人$$
$$00100 = 一$$
$$10010 = 口$$

走进数学的
奇幻世界！

1. 反码是（1100）$_2$，补码是（1101）$_2$。

2. 8个。

　　提示：8比特＝1字节。

3. （0111）$_2$。

　　提示：用4比特的二进制数表示十进制数
　　7，由$7 = 4 \times 1 + 2 \times 1 + 1 \times 1$，可得（111）$_2$。
　　因只有3比特，需要在前面补0，故用4比
　　特的二进制数表示十进制数7为（0111）$_2$。

1.（A）约翰·麦卡锡。

2.（C）深度学习。

3. 阿尔法围棋。

走进数学的
奇幻世界!

术语解释

阿尔法围棋

阿尔法围棋是由谷歌旗下的DeepMind公司开发的人工智能程序。2016年，在与李世石九段的围棋大战中以4:1获胜后，阿尔法围棋的名字便进入了大众的视野。尽管李世石九段只赢了一局比赛，但他却是唯一一个战胜过阿尔法围棋的人类棋手。

补码

补码是计算机做减法时会用到的一种数据形式。求一个二进制数的补码有两步：第一步是求它的反码（即将这个二进制数中的1变成0、0变成1），第二步是将其反码加1。注意，0的补码是唯一的，就是其本身。

大数据

大数据是指大规模数据的集合，具有数量巨大、类型多样、收集处理及时、数据来源可靠性低等特点，大数据难以用传统数据体系结构有效处理。在深度学习中，要想得出更加准确的结论，就需要用到大数据。有一个很形象的比喻，如果说深度学习是人工智能应用的"引擎"，那么大数据就是"燃料"。利用大数据进行数据分析，有助于准确地了解现状，找到问题的解决方案，还有可能发现新的商机。

二进制

二进制是指仅利用数字0和1，逢二进一的计数方法。十进制中的0，1，2，3，4在二进制中分别表示为（0）$_2$，（1）$_2$，（10）$_2$，（11）$_2$，（100）$_2$。现代的计算机和依赖计算机的设备都使用二进制。

感知机

感知机（Peceptron）是一种最简单形式的前馈人工神经网络，由美国学者罗森布拉特发明。

术语解释

古巴比伦的数字体系

古巴比伦人使用楔形文字标记，用代表1的符号Ⴤ和代表10的符号＜，创造了1到59的数字。

Ⴤ	1	ᛉᛉ	2	ᛉᛉᛉ	3	ᛉᛉᛉᛉ	4
ᛉᛉᛉᛉᛉ	5	ᛉᛉᛉᛉᛉᛉ	6	ᛉᛉᛉᛉᛉᛉᛉ	7	ᛉᛉᛉᛉᛉᛉᛉᛉ	8
ᛉᛉᛉᛉᛉᛉᛉᛉᛉ	9	＜	10	＜ᛉ	11	＜ᛉᛉ	12
＜ᛉᛉᛉ	13	＜ᛉᛉᛉᛉ	14	＜ᛉᛉᛉᛉᛉ	15	＜ᛉᛉᛉ	16
＜ᛉᛉᛉ	17	＜ᛉᛉᛉ	18	＜ᛉᛉᛉ	19	＜＜	20
＜＜＜	30		40		50	Ⴤ	60

由于使用的是六十进制，因此1和60的符号相同。他们的计数系统中没有"0"这个数字，只能用留空位的方式表示缺位。

机器学习

机器学习，顾名思义就是让机器学习。机器学习的过程实际上就是让机器模拟人类利用已有的经验为新的情况做出有效决策的过程。机器

术语解释

学习是人工智能的一个重要分支，广泛应用于数据挖掘、计算机视觉、自然语言处理、生物特征识别、语音和手写体文字识别以及机器人学等。

六十进制

以60为基数的计数体系，十进制中的60在六十进制中表示为 $(10)_{60}$。在现代社会中，六十进制主要用于时间和角度的单位换算。

罗森布拉特

罗森布拉特（Frank Rosenblatt，1928—1971），美国心理学家，曾发明感知机。

人工智能

人工智能的英文是"artificial intelligence"，简称"AI"。"人工智能"一词最初是在1956年的达特茅斯会议上被提出的。几十年来，人们从不同的层面对人工智能提出了不同的定义。

术语解释

从实践的角度来说，人工智能是研究用计算机模拟人类智力活动的理论和技术，如归纳与演绎推理过程、学习过程、探索过程、理解过程、形成并使用概念模型的能力、对模型进行分类的能力、模式识别及环境适应、进行医疗诊断等。人工智能的研究领域包括智能机器人、语言识别、图像识别、自然语言处理、问题解决和演绎推理、学习和归纳过程、知识表征和专家系统等。基于算法和大数据等的计算机技术是人工智能发展的基础。擅长国际象棋的深蓝计算机，擅长围棋的阿尔法围棋，能够理解和判断人类语言的沃森等都是众所周知的人工智能系统。

深度学习

深度学习的英文是"deep learning"。深度学习是机器学习领域中一个新的研究和发展方向。深度学习可以简单地理解为模拟人脑思维分层的特点，利用一种更为复杂的人工神经网络分

术语解释

析更多的数据，从而得出更为抽象的结论的过程。深度学习可让机器直接从数据中学习并抽取特征，不必由人工设计特征，使用方便，尤其适用于图像理解、语音识别等。

神经元

神经元也叫神经细胞，是神经组织的基本单位，每个神经元包括细胞体和从细胞体伸出的突起两部分。

十二进制

以12为基数的计数体系，古代文明常使用十二进制来计时，现在仍有一些场合会使用十二进制。例如，1打铅笔等于12支铅笔，1英尺等于12英寸等。

十进制

十进制是指利用数字0，1，2，3，4，5，6，7，8，9这十个数字，逢十进一的计数方法。如今

术语解释

我们常用的计数体系就是十进制。

输入数据和输出数据

录入计算机或其他信息系统中用于存储和处理的数据称为输入数据（input data）。由计算机或其他信息系统处理输入数据或执行相关指令后产生的数据称为输出数据（output data）。

四进制

利用0到3这四个数字进行计数的方法。十进制中的0，1，2，3，4在四进制中分别表示为$(0)_4$，$(1)_4$，$(2)_4$，$(3)_4$，$(10)_4$。

突触

突触是神经元之间或神经元与其他细胞之间赖以传递神经冲动，进行通信联络的特殊连接部位。

术语解释

楔形文字

楔形文字是目前世界上最古老的文字。两河流域的苏美尔人约在公元前3200年发明了这种文字。他们通常用削成尖头的芦秆或木棒做笔，在未干的软泥版上压刻出符号，这些符号的线条很像木楔，所以称为楔形文字。

约翰·麦卡锡

约翰·麦卡锡（John McCarthy，1927—2011），美国计算机科学家，在1956年的达特茅斯会议上提出了"人工智能"一词。其在人工智能领域的研究成果广受认可，于1971年获得了"计算机界的诺贝尔奖"——图灵奖。

智能

智能指的是智慧和能力的总和，也可以形容那些经高科技处理、具有人的某些智慧和能力的事物。